유튜브와 인스타그램을 위한
스마트폰영상편집 100% 활용법

1탄 동영상편집어플 VLLO 배우기

윤들닷컴 이동윤 지음

유튜브와 인스타그램을 위한 스마트폰영상편집 100% 활용법
1탄 동영상편집어플 VLLO 배우기

지은이 이동윤
발 행 2020년 01월 08일
펴낸이 이동윤
펴낸곳 도서출판 윤들닷컴
출판사등록 2017.06.01.(제2017-000017호)
주 소 부산광역시 해운대구 재반로 125번길 30, 센텀우신골든빌 108동 1904호
전 화 010-9288-6592
이메일 orangeki@naver.com

ISBN 979-11-963638-9-5

www.yoondle.com
© 윤들닷컴 2008

유튜브와 인스타그램을 위한
스마트폰영상편집 100% 활용법

1탄 동영상편집어플 VLLO 배우기

윤들닷컴 이동윤 지음

책 목차

머리말

기본 편집법

심화 편집법

본 도서를 제대로 이용하시려면 꼭 다운받으세요!

책을 따라서 스마트폰 영상편집을 연습하는데 필요한 소스파일입니다.
아래 URL 중 원하는 곳에서 다운로드 받으세요. 모두 같은 파일입니다.

① 구글드라이브에서 다운로드
http://bit.ly/vllo_file

② 윤들닷컴 홈페이지에서 다운로드
http://www.yoondle.com/vllo.zip

두 주소 중 아무거나 다운로드 받아서 압축을 풀면, 3개의 필라테스 동작 촬영 영
상파일과 1개의 나레이션 파일, 1개의 로고이미지 파일이 있습니다.

유튜브에서 "윤들닷컴"을 검색하시면, 영상편집에 관련된 다양한 동영상 강의를 볼
수 있습니다.

여러분은 스스로 콘텐츠를 만들 수 있나요?

최근 영상콘텐츠를 만들고자하는 분들이 참 많아졌습니다. 유튜브의 영향 때문이기도 하고, SNS에서도 심심찮게 볼 수 있는 광고 혹은 다른 유저들의 멋진 영상콘텐츠 때문이기도 합니다.

과거에는 영상편집이라고 하면 전공자들만 하는 좀 어려운 느낌의 기술로 취급했었죠. 학교나 학원에 가야만 배울 수 있었는데, 요즘은 고성능의 스마트폰과 각종 영상편집 어플리케이션들이 다양하게 출시되어 누구나 마음만 먹으면 쉽게 배울 수 있게 되었습니다. 유튜브에도 영상편집을 배울 수 있는 수많은 동영상 강의 콘텐츠가 이미 넘쳐나고 있습니다.

필자도 디자인과 영상을 전공하였고, 오랫동안 영상편집을 다양한 곳에서 강의했지만, 처음부터 잘하는 사람은 드물었다고 기억하고 있습니다. 결국은 잘하든 못하든 얼마나 자주 경험하고 스스로 해보려고 노력했느냐의 차이라고 볼 수 있습니다.

이 책으로 영상편집을 처음 시작하는 분들께 꼭 하고 싶은 말이 있습니다. 분명히 과거에는 영상편집은 전문분야였고, 지금도 전문분야이긴 합니다. 다만 여러분들이 어떤 목적으로 영상을 제작하고 싶은지 영상편집을 하고 싶은지 먼저 생각해보세요.

멋들어진 뮤직비디오를 만들고 싶은가요? 혹은 특수효과로 가득한 극장에서 볼 수 있는 그런 영화인가요?

아마도 아닐 것입니다. 대부분은 일상의 기록들을 그대로 SNS나 유튜브에 올리는 것 이상으로 좀 더 예쁘게 꾸미고 편집해서 공유하고 남들에게 보여주려고 하는 마음에서 영상편집을 배우고 싶다. 잘하고 싶다. 생각했을 것입니다.

맞습니다. 전문적인 영역도 못하라는 법은 없지만, 우리가 일상에서 간단히 사용할 목적으로 너무 과한 시간과 노력, 비용을 들일 필요는 없습니다.

취미 수준으로 시작하세요. 그리고 앞으로 뭐든 빨간 버튼을 눌러 동영상을 촬영하세요. 그리고 자기 전에 일기를 쓰는 느낌으로 하루 동안 찍은 영상을 요약해서 편집해보세요. 제가 장담할게요. 여러분은 그렇게 딱 한 달만 하면 예전에는 왜 그렇게 영상편집을 어렵게 생각했었는지 피식 웃음이나올 겁니다.

콘텐츠는 습관입니다. 좋은 콘텐츠 많이 만드세요.

저자 윤들닷컴 대표 이동윤 2020년 1월 5일

VLLO 어플로 스마트폰영상편집을 시작하세요!

컴퓨터 전용 영상편집프로그램도 어도비 프리미어부터 매킨토시용 파이널컷까지 다양한 종류의 영상편집 소프트웨어가 존재합니다. 저자가 스마트폰 영상편집 도서 시리즈의 1탄으로 선정한 VLLO(구, 비모) 어플리케이션은 수많은 스마트폰영상편집 어플 중에서도 많은 사람들이 이미 사용하여 대중성을 어느 정도 확보한 어플입니다.

스마트폰영상편집 어플은 반자동으로 영상편집을 처리하는 Go-pro 회사의 QUIK 이라는 어플부터 프리미어와 흡사한 Kinemaster 라는 어플까지 비슷하면서도 각자 특색을 가지고 있는 다양한 방식의 어플이 시중에 나와 있습니다.

Q. 완전 초보자인데 VLLO 어플 배우기 쉬울까요?

네, 물론입니다. 본 도서에서 영상편집의 프로세스대로 알려드리므로 초보자라도 누구나 책을 보고 따라 할 수 있도록 설명하였습니다.

Q. VLLO 유료결제를 해야 되나요?

다른 어플에 비해 매우 저렴한 편입니다. 그래서 필자도 오프라인 강의에서 대부분 VLLO를 권장하는 이유이기도 하구요. 안드로이드 버전은 2020.01 기준으로 8,900원에 평생무료이구요. 아이폰은 12,900원입니다. 다른 어플은 매월 자동결제를 하거나 1년에 한 번씩 결제를 해야 되죠. 가격도 기능의 차이에 비해 VLLO보다 비싼편이기도 합니다.

무료로 사용도 가능하지만, 사용하지 못하게 막아둔 효과들이 많고, 무엇보다 여러분이 만드신 영상콘텐츠에 제작사의 로고가 삽입되는 단점이 있습니다. 커피 2잔 아낀다 생각하시고 꼭 결제를 하시기 바랍니다.

Q. 프리미어 안 쓰고도 유튜브 콘텐츠도 만들 수 있나요?

화면이 작아서 불편을 느끼시는 분들이 있긴 한데, 유튜브 콘텐츠도 뚝딱 만들 수 있습니다. 실제로도 주변에 유튜브 크리에이터 분들도 편집자 없이 직접 하시는 분들은 VLLO 어플을 많이 쓰는 걸로 알아요.

Q. 아이폰 사용자인데 안드로이드 버전과 차이가 있나요?

약간의 차이가 있지만, 전체적인 사용법과 기능을 대동소이 합니다. 정말 하나씩 짚어줘야 이해하시는 어르신들은 좀 다르게 느끼시더라고요. 기능 업데이트는 항상 아이폰부터 먼저 합니다. 최근에 추가된 모자이크 기능도 아이폰에 적용되고 나서 6개월 뒤쯤 안드로이드에 적용되었습니다.

Q. VLLO에 내장되어 있는 스티커 디자인, 폰트, 배경음악은 저작권에 문제가 없는 건가요? 써도 되나요?

네, 물론입니다. 어플 제작사에서 저작권을 확보한 음원을 탑재하였고, 폰트는 전부 저작권이 해결된 무료폰트입니다. 디자인도 유료결제를 했으면 저작권에 구애받지 말고 쓰셔도 됩니다.

Q. 자꾸 어플이 멈추거나 꺼지는데 왜 인가요?

어플도 컴퓨터의 소프트웨어와 같습니다. 사용하시는 스마트폰이 너무 구형이거나 혹은 용량이 부족하면 어플이 제대로 동작하지 않습니다.

Q. 중간에 저장은 어떻게 하나요?

별도의 저장기능이 없지만, 자동저장이 됩니다. 편집중에 어플을 강제종료해도 그 순간까지의 편집상태는 남아 있으니 안심하세요.

필자가 간단히 만든 VLLO 편집 결과물들

필자도 평소에 다양한 촬영물을 편집해서 SNS에 공유하는 것을 좋아합니다. 가족들이나 자녀들과 함께한 일상적인 콘텐츠도 있고, 제 업무에 관한 콘텐츠도 만듭니다. 조금 신경 써서 편집한 것은 폰에 저장해두는 편인데요 틈틈이 화장실에서, 지하철에서 자투리시간을 활용하여 만든 영상들입니다.

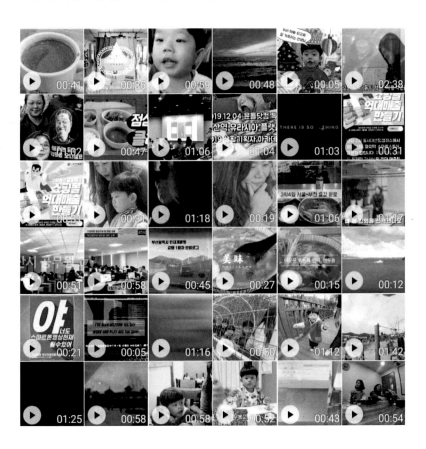

저자 소개

윤들권장을 필명으로 쓰는 이동윤 저자는 지식문화콘텐츠 전문 1인 기업 윤들닷컴의 대표이다. 2008년부터 국가공인 디자인관련 자격증 수험서를 집필하는 것으로 첫 저자로서 이름을 알라기 시작했다. 외국어고등학교, 공대 입학, 디자인과 전과, 멀티미디어 디자인 석사까지 다소 특이한 학력을 가지고 있고, 디자이너 출신이나 막상 회사생활을 할 때는 기획자로서의 경력이 더 길다. 주로 ICT 분야에서 국가R&D과제의 PMO를 수행하였다.

현재는 회사생활을 정리하고 1인 기업을 창업하고 3년차에 접어들었으며, 출판 / 강의 / 강연 / 컨설팅 / 외주 등의 일을 하고 있다. 전공을 살려서 디자인과 콘텐츠 제작에 관련된 일과 최근 관심사인 마케팅을 접목하여 여러분야에서 활발하게 활동 중이다. 소상공인들의 매출향상에 도움이 되는 마케팅과 온라인홍보에 특히 관심이 많다.

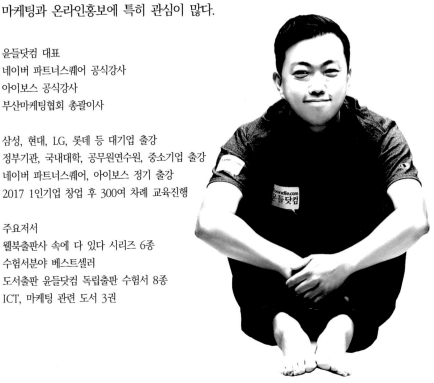

윤들닷컴 대표
네이버 파트너스퀘어 공식강사
아이보스 공식강사
부산마케팅협회 총괄이사

삼성, 현대, LG, 롯데 등 대기업 출강
정부기관, 국내대학, 공무원연수원, 중소기업 출강
네이버 파트너스퀘어, 아이보스 정기 출강
2017 1인기업 창업 후 300여 차례 교육진행

주요저서
웰북출판사 속에 다 있다 시리즈 6종
수험서분야 베스트셀러
도서출판 윤들닷컴 독립출판 수험서 8종
ICT, 마케팅 관련 도서 3권

VLLO (블로) 어플리케이션 설치하고 앱결제하기

1. 구글앱스토어에서 VLLO 어플리케이션을 검색하여 설치합니다. 간혹, 구형 스마트폰이나 구버전의 안드로이드 사용자는 앱을 설치할 수 없을 수도 있습니다.

2. VLLO 어플 설치 후, 열기 버튼을 터치합니다. 이후에는 바탕화면이나 앱서랍에서 아이콘을 터치하여 VLLO 어플을 설치하세요.

3. 접근권한 허용을 물어보는 안내창이 나타납니다. 사진보정이나 영상편집 어플들은 여러분의 스마트폰에 있는 갤러리(사진첩)에 있는 사진, 영상파일을 이용하므로 반드시 "허용"을 해야 합니다.

1. VLLO 어플이 실행되면, 첫 화면에서 왼쪽상단의 햄버거메뉴(삼선버튼)를 터치합니다.

2. 설정화면이 나타나면 "상점" 메뉴를 터치합니다. 어플이 자주 업데이트 되고 있습니다. 상점 메뉴가 제일 위에 있지 않을 수도 있습니다.

3. 가격이 보는 버튼을 터치합니다. 가끔 할인을 하는 경우도 있습니다. 필자의 경우 6900원에 결제를 했으나 여러분은 지금 이 금액이 아닐 수 있습니다. 한번만 결제하면 평생무료입니다. 다른 어플들은 매월 자동결제나 연간결제를 하는 경우가 많습니다. 이런 면에서 VLLO는 가성비가 매우 좋은 프로그램입니다.

1. 결제는 해외결제가 가능한 신용카드나 체크카드 혹은 통신사 요금 포함 방식으로 할 수 있습니다. 구매 감사 안내문이 나타나면 확인 글자를 터치합니다.

2. 상점 화면에 '구입완료' 버튼이 보이면 결제가 제대로 된 것입니다. 구매는 여러분의 구글 계정에 기록되므로 다음에 폰을 바꾸더라도 지금 화면의 우측상단에 있는 "구매복원하기" 버튼을 터치하면 다시 활성화 됩니다. 좌측상단의 완료 글자를 터치하여 설정화면을 닫습니다.

3. 다시 첫 화면으로 돌아왔습니다. 멋진 비디오 글자를 터치하여 VLLO 영상편집을 시작할 수 있습니다.

VLLO 간단한 사용법 설명

1. VLLO 실행하고 첫 화면에서 **멋진 비디오** 글자를 터치하면 VLLO 어플에서 영상편집을 시작합니다. 첫 단계로는 편집에 사용할 사진이나 영상파일을 선택하는 것입니다. 먼저 측면으로 누워 있는 영상파일을 터치합니다. 화면 하단의 편집순서에 첫 번째로 배치됩니다.

2. 대각선으로 누워있는 영상파일을 터치하고, 마지막으로는 다리가 보이는 영상을 터치합니다. 터치하는 순서대로 편집순서가 결정됩니다. 순서를 바꾸고 싶다면, 화면 하단에 터치한 순서대로 등록된 사진이나 이미지의 (X)버튼을 터치하면 편집순서에서 제거됩니다.

3. 편집할 파일들을 순서대로 배치하였으면, 우측상단의 → **버튼**을 터치하고, 경고창에서 **확인** 글자를 터치합니다.

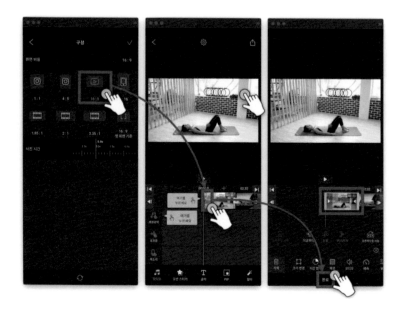

1. 구성 화면이 나타나면, 화면비율을 선택하세요. 촬영한 영상의 비율 그대로 설정하는 것이 제일 좋지만, 인스타그램 등 특수비율을 사용하고 싶다면, 목적에 맞게 비율을 골라도 됩니다. 단, 화면에서 잘리는 부분이 있습니다. 사진파일을 편집소스로 선택했다면, 화면 하단에 사진의 유지시간을 일괄적으로 설정하는 부분도 조절하세요.

2. 처음 실행을 했을 땐, 화면과 같이 안내하는 표시가 나타납니다. 시키는 대로 하면 표시는 없어집니다. 첫 번째 영상소스의 맨 앞부분을 터치하라고 안내문구가 보이는 부분을 터치하세요.

3. 그러면 첫 번째 영상만 선택된 세부선택 상태가 됩니다. 이때 선택된 영상에 청록색 테두리가 표시됩니다. 화면하단의 "완료" 버튼을 터치하여 원래 화면으로 나갑니다.

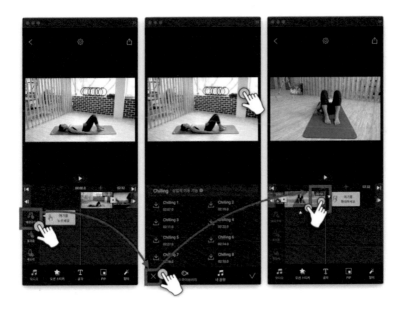

1. 화면 좌측의 배경음악 글자 부분도 한번 터치합니다. 글자 그대로 배경음악(BGM)을 영상에 삽입할 때 사용하는 기능입니다.

2. VLLO 어플에 내장되어 있는 여러 종류의 배경음악을 선택할 수 있는 화면으로 넘어갑니다. 지금 당장 사용할 건 아니므로, 화면 좌측 하단을 (X)버튼을 눌러 배경음악 설정화면을 빠져 나갑니다.

3. 화면 가운데에 영상들이 나열된 비디오트랙(이라 부르는 곳)을 손가락으로 왼쪽으로 드래그 하여 비디오트랙의 제일 오른쪽 끝 부분이 화면에 보이도록 합니다. 핀치업(손가락 두 개로 벌리는 동작)을 해보라고 하는 부분에서 직접 핀치업 동작을 해봅니다. 이제 모든 테스트 과정이 끝났습니다. 마치 게임 처음 설치했을 때 같죠?

영상편집의 기초, 컷편집

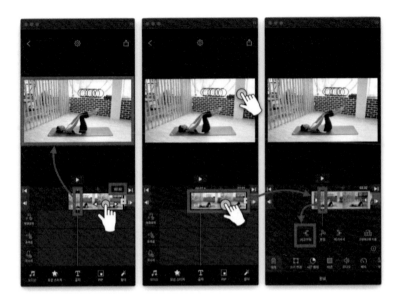

1. 비디오트랙 맨 앞부분으로 이동합니다. 화면에 보이는 모델이 영상의 맨 처음부터 시작하여 처음으로 두 손을 무릎위에 올려두는 순간을 큰 화면을 보면서 맞춥니다. 이를 편집점이라고 합니다. 이때 시간은 대략 2분30초 정도가 됩니다. 2분30초 이전에 촬영된 부분은 필요 없는 부분으로 삭제할 계획입니다.

2. 첫 번째 영상소스를 터치합니다. 비디오트랙에 놓인 영상소스를 보통 영상클립 혹은 클립이라고 부릅니다. 터치 하면 클립 테두리가 편집선택상태인 청록색으로 변합니다.

3. 클립의 세부편집모드에서 화면 하단부의 [지금부터] 버튼을 터치하면 편집기준선(빨간색 세로선)을 기준으로 삼아 편집기준선의 왼쪽 부분을 모두 제거합니다.

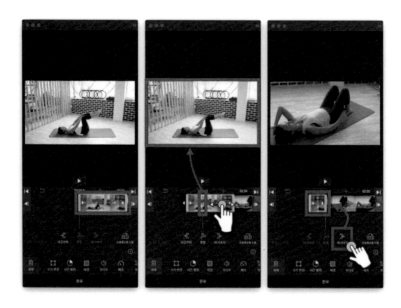

1. 2분30초 이전의 필요 없는 부분은 삭제한 상태입니다.

2. 다음으로는 맨 앞부터 동작을 3회 반복한 위치를 찾아보겠습니다. 화면 가운데 ▷ **재생버튼**을 눌러도 되고, 영상클립이 위치한 비디오트랙을 좌측으로 드래그해도 됩니다. 편집기준선이 약 12초 정도에 위치하면 동작을 3회 반복한 순간이 됩니다. (다리를 벌렸다 오므리는 동작이 1회 기준) 화면을 보면서 다리가 정확하게 모인 순간을 찾으세요.

3. 편집기준선을 12초에 맞추었으면, **] 여기까지** 글자를 터치하여 필요 없는 뒷부분의 영상을 잘라버립니다. 이렇게 편집기준선을 기준삼아 영상클립의 일부분을 잘라버리는 것을 컷편집이라고 부릅니다. 컷편집을 잘해야 영상이 지루하지 않고 내용전달이 잘 됩니다. 많이 연습하세요.

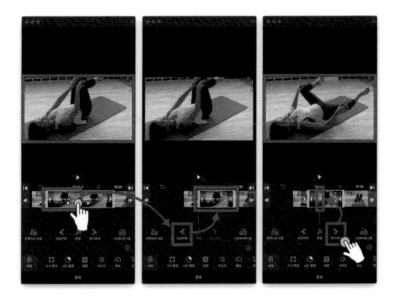

1. 대각선으로 모델이 누워있는 두 번째 영상클립에서도 컷편집을 하겠습니다. 이번에는 동작을 **2.5회**만 사용하도록 하겠습니다. 편집기준선을 동작을 3회 반복한 순간에 맞춥니다. 대략 36~37초 정도가 됩니다. 이 부분에 맞추는 이유는 첫 번째 영상클립이 3회를 반복했기 때문에 두 번째 영상의 동작이 자연스럽게 이어져 보이도록 편집해야 되기 때문입니다.

2. [**지금부터** 글자를 터치하여 두 번째 영상클립에서 필요 없는 앞부분 영상을 삭제합니다.

3. 동작을 2회.5 반복한 순간을 찾습니다. 대략 22초 정도가 됩니다. 오른쪽의 필요 없는 영상을] **여기까지** 글자를 터치하여 잘라버립니다. (주의! 이번에는 0.5회를 포함하므로 모델의 다리가 벌어진 상태에서 끝납니다.)

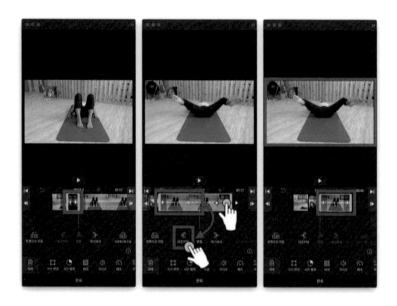

1. 두 번째 영상클립에서 필요한 부분만 남겨둔 상태입니다. 전체 기분으로 보자면 4회~5회 동작 구간입니다. (모델이 기계처럼 정확하지는 않지만, 대략 1회 동작하는데 4초 정도 걸립니다.) 5.5회까지 동작을 한 상태이므로 이때까지는 총 22초 정도가 소요되었습니다.

2. 세 번째 영상클립에서 5.5회 동작이 시작되는 시점을 찾습니다. 약 53초 정도입니다. [**지금부터** 글자를 터치하여 세 번째 영상클립에서 필요 없는 앞부분 영상을 삭제합니다.

3. 세 번째 영상클립에서 동작이 완전히 끝나는 지점(모델이 무릎에서 손을 내리려는 순간)을 찾으면 31~32초 정도입니다. 오른쪽의 필요 없는 영상을] **여기까지** 글자를 터치하여 잘라버립니다.

1. 비디오트랙 상단에 작게 보이는 **청록색 + 버튼**을 누르면, 편집기준선에 있는 영상클립 이후에 사진이나 영상소스를 더 추가할 수 있습니다. 여러분 스마트폰의 갤러리화면이 나타나면 영상소스를 더 추가해보세요. (도서에서는 첫 번째 배치했던 측면으로 누운 영상을 다시 추가)

2. 편집이 끝날 때까지 스마트폰의 영상이나 사진을 삭제하지 말라는 경고문구가 나옵니다. 확인 글자를 터치합니다.

3. 세 번째 영상클립 오른쪽으로 측면영상소스가 추가되어 있습니다. 터치하여 영상클립편집모드에서 컷편집을 해보겠습니다.

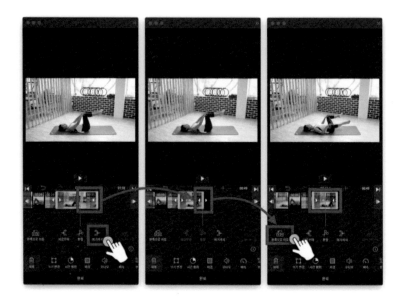

1. 앞에서 해본 것과 같이 컷편집을 해봅니다. 잘라내는 구간은 상관없으니 총5회 동작을 반복하도록 영상클립의 앞부분의 필요 없는 부분을 잘라버립니다.

2. 같은 요령으로 추가한 영상클립의 뒷부분도 필요 없는 부분은 잘라버리고 총5회만 동작을 반복하도록 컷편집을 마무리합니다.

3. 이렇게 정리한 영상클립은 세 번째 그림과 같이 화면 하단영역에 **왼쪽으로 이동** 글자부분을 터치하면 한 칸씩 앞부분의 영상클립 사이로 이동할 수 있습니다. 영상클립들의 순서를 바꿀 수 있는 기능입니다.

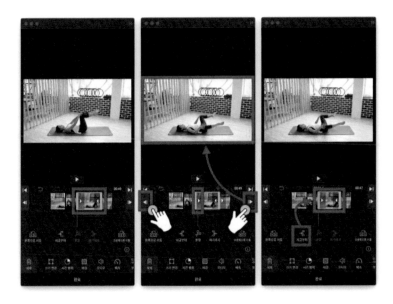

1. 첫 번째 그림처럼 맨 마지막에 5회 반복하는 영상클립이 세 번째 영상클립의 왼쪽으로 한 칸 이동되었습니다.

2. 문제가 생겼습니다! 두 번째 영상클립은 마지막 장면이 모델의 다리가 벌어진 화면에서 끝났기 때문에 다음에 이어지는 세 번째 영상클립의 첫 번째 장면도 모델의 다리가벌어진 화면으로 이어지게 편집을 했는데, 추가된 영상클립이 기존의 두 번째와 세 번째 영상클립의 사이에 배치되어서 동작의 전개가 어색하게 되어버렸습니다. 일명 편집점이 튄다고 하는 문제점입니다. 두 번째 그림처럼 비디오트랙의 좌우에 있는 1프레임씩 이동하는 버튼을 톡톡톡 눌러 삽입된 영상클립에서 모델의 다리가 벌어진 지점을 정교하게 찾습니다.

3. 필요 없는 앞부분 영상을 삭제합니다.

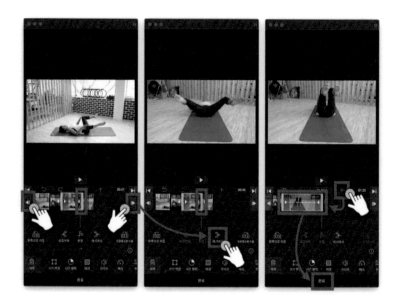

1. 첫 번째 그림처럼 영상클립의 뒷부분도 1프레임씩 이동하는 좌우 버튼을 톡톡톡 터치하여 다리가 벌어진 지점을 찾습니다.

2. 오른쪽의 필요 없는 영상을 **] 여기까지** 글자를 터치하여 잘라버립 니다.

3. 맨 마지막에 **소스추가 +** 버튼을 눌러 모델 다리만 보이는 영상소 스를 추가하고, 총 8회 동작을 이어붙입니다.

세 번째 단계에서는 여러분들이 영상소스를 추가하고 원하는 위치에 배치하고, 컷편집을 자유롭게 할 수 있는지를 스스로 확인하는 단계라 고 생각하시고 작업해보시기 바랍니다. VLLO 어플에서 간단한 컷편집 이 완료되었습니다.

배경음악 넣어보기

1. BGM(배경음악)을 넣을 때에도 편집기준선이 중요한 역할을 합니다. 영상 전체에 배경음악이 깔릴 수 있도록 비디오트랙 맨 앞에 편집기준 선을 맞춥니다. 화면 하단 메뉴 중에서 **오디오**를 터치하면, 화면 하단 의 트랙들이 음악에 관련된 기능트랙으로 바뀝니다. 제일 위 트랙의 왼 쪽에 있는 **배경음** 글자를 터치합니다.

2. 두 번째 그림과 같이 VLLO **라이브러리 화면**이 나타나면 원하는 음악을 터치하여 다운로드 받고, 재생하여 들어본 다음 적절한 음악을 선택하고, 화면 하단의 **V 체크** (선택완료) 버튼을 터치합니다.

3. 배경음악이 오디오트랙에 배치됩니다. 선택된 상태에서 화면 하단의 **페이드** 글자를 터치합니다.

1. 페이드 기능은 삽입된 음악의 앞 뒷부분에 볼륨을 서서히 증가 혹은 감소하도록 하는 기능으로 갑자기 큰 소리가 나서 영상청취자가 놀래지 않도록 하거나, 배경음악의 길이가 영상의 길이와 맞지 않아 영상 끝부분에서 음악이 뚝 끊기지 않게 하는 용도입니다. 첫 번째 그림처럼 **점점 작게** 글자를 터치하고 하단의 **완료** 글자도 터치합니다.

2. 두 번째 그림처럼 하단의 **완료** 글자를 터치합니다. (첫 번째 완료는 페이드 기능의 완료, 두 번째 완료는 배경음 옵션 설정의 완료를 의미합니다.)

3. 비디오트랙에서 첫 번째 영상클립을 터치하고 하단 아이콘 중에서 **볼륨** 아이콘을 터치합니다. 배경음악이 나오는 동안 촬영 당시 함께 녹음된 잡음들을 제거하려는 목적입니다.

1. 첫 번째 그림처럼 화면 하단에 영상클립의 볼륨을 조정하는 화면이 나타납니다. **음소거** 글자를 터치하여 소리가 나오지 않도록 하였습니다.

2. 나머지 영상클립들도 하나씩 선택하여 모두 **음소거** 상태로 만들어 둡니다. 교재에서 제공하는 필라테스 운동 영상은 동작에 대한 설명을 모델이 운동 촬영 시 직접하려했으나 주변 도로의 잡음이 심하여, 따로 녹음을 하여 영상편집시 삽입하기로 사전에 논의가 있었습니다. 따라서 촬영할 때에 다른 스태프들이 대화를 하는 등 불필요한 소리도 같이 녹음되어 있는 상태입니다.

3. 각 영상클립의 음소거 처리를 하면 화면 하단의 **완료** 버튼을 꼭 눌러주세요

나레이션 넣기 / 음악자르기 / 배경음악 볼륨조정

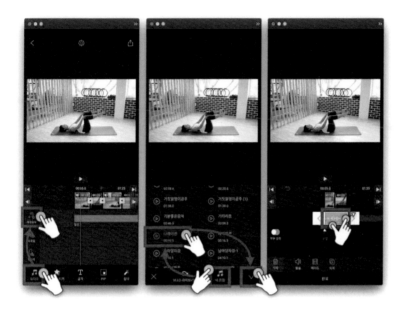

1. 편집기준선을 약 5초 정도에 맞추고, 하단의 오디오 글자를 터치하고 배경음악 글자를 터치합니다.

2. VLLO 라이브러리가 아닌, **내 음원** 글자를 터치합니다. 여러분 스마트폰에 있는 음악을 사용합니다. **내레이션** 음원을 선택하고 **V 체크** 버튼을 눌러 내레이션 음원을 삽입합니다. (내레이션 음원은 영상편집에 사용하는 파일을 다운로드 받았을 때 함께 포함되어 있었습니다.)

3. 세 번째 그림처럼 삽입된 내레이션 오디오클립을 핀치업(두 손가락으로 벌리는 동작)하여 오디오트랙을 조금 확대합니다.

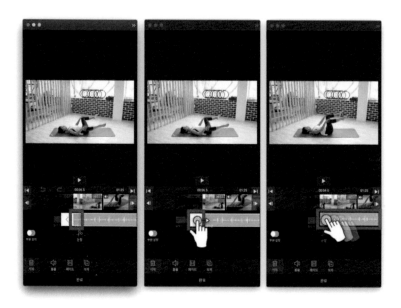

1. 내레이션 음원의 맨 앞부분을 보면, 모델분이 녹음할 당시 머뭇거려서 소리가 나지 않는 부분이 있습니다. 파형을 자세히 보면 수평으로 유지되는 구간이 있는데 소리가 없다는 의미입니다. 약 6.5초 되는 부분에 편집기준선 맞추어 둡니다.

2. 두 번째 그림과 같이 오디오클립의 맨 왼쪽 [)] **부분**을 터치&드래그 하여 편집기준선까지 맞춥니다. 편집기준선 왼쪽의 필요 없는 부분을 잘라내는 기능입니다.

3. 약 1.5초 정도 잘라버렸기 때문에 내레이션 오디오클립을 3.5초까지 이동시킵니다. (최근 클립 이동방식이 조금 바뀌었습니다. 예전에는 클립을 꾹 누른 채로 드래그 하였으나 지금은 클립 왼쪽에 위치이동 아이콘이 생겼습니다.)

1. 첫 번째 그림과 같이 배경음악 트랙에 두 개의 오디오클립이 겹쳐 있는 것이 보입니다. 옅은 색상부분이 배경음악만 있는 부분이고, 짙은 색상부분은 두 오디오클립이 겹쳐진 곳입니다. 옅은 부분을 터치하여 배경음악 오디오클립만 선택합니다.

2. 배경음악 오디오 클립이 선택되면 화면 하단 아이콘에서 **볼륨** 아이콘을 터치합니다. 모델의 내레이션이 나오는 동안 배경음악도 같이 나오면 내레이션이 들리지 않기 때문에 배경음악의 볼륨을 줄이려는 것입니다.

3. 세 번째 그림과 같이 하단의 볼륨조절 부분을 드래그해서 배경음악의 볼륨을 줄입니다.

자막 입력하기

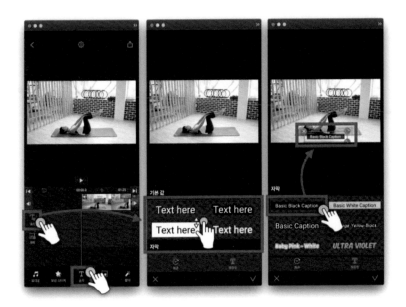

1. 화면 하단의 **T 글자** 아이콘을 터치하고, 자막트랙이 나타나면, 첫 번째 **글자** 아이콘을 터치합니다. 글자와 자막의 차이점은 크기차이입니다. 자막기능을 사용하면, 화면하단에 작은 글자로 입력됩니다. 영상의 목적이 유튜브라면 사용하면 되고, SNS 플랫폼 용도의 영상이라면 **자막** 기능보다는 글자크기가 큰 **글자** 기능이 좋습니다.

2. 기본값 4가지 샘플 중 하나를 선택할 수도 있습니다. 가장 무난한 옵션들이라 주목성이 높아 많이 사용합니다.

3. 아래로 드래그 하여 스크롤을 내리면 여러 가지 다양한 스타일의 자막이 나옵니다. 원하는 디자인이 있으면 터치하여 사용할 수 있습니다. 예제에서는 **검은박스배경의 흰 글자를** 선택하고 화면 우측하단의 **체크 버튼을** 터치합니다.

1. 미리보기 화면의 하단에 글자가 삽입됩니다. 글자의 여러 가지 옵션들이 화면 하단에 아이콘으로 표시됩니다. 우선 **글자 아이콘**을 터치합니다. 글 박스의 내용을 변경할 수 있습니다.

2. 원하는 내용을 입력하고 체크 버튼을 눌러 완료합니다. 글자의 양이 너무 많으면 두 줄로 넘어갑니다. 입력한 글자는 "이번에 소개해드릴 운동은 리프티드플러그입니다"입니다.

3. 자막트랙에서 글자클립의 오른쪽 **[〉] 부분**을 터치&드래그 하여 영상의 끝까지 늘려둡니다.

1. ▷ **재생버튼**을 눌러서 내레이션을 직접 듣고 어디까지 자막을 연장시켜야 할지 파악할 수 있습니다. 편집기준선을 "~ 리프티드플러그입니다." 라는 설명이 끝나는 부분에 맞춥니다. 분할 버튼을 터치하여 자막클립을 편집기준선을 기준으로 자릅니다. 없어지는 부분 없이 자막클립이 분할만 됩니다.

2. 완료 버튼을 누릅니다.

3. 세 번째 그림과 같이 하나의 자막클립이 두 토막으로 나뉘었습니다. 이런 식으로 자막클립을 내레이션에서 말이 끝나는 부분에 맞추어 모두 자르겠습니다. 다 잘라두고 글자만 다시 입력하면, 자막을 꽤 빠른 속도로 입력할 수 있습니다. 매번 자막을 넣고 서체나 꾸미기 등을 하지 않아도 되기 때문입니다.

1. 첫 번째 그림처럼 다음번 내레이션이 끝나는 위치에 편집기준선을 맞춥니다. "~골반의 안정성을 증진해줌으로써" 라고 내레이션이 끝나는 부분까지입니다. **분할 버튼**을 터치하여 자막클립을 나눕니다.

2. 완료 버튼을 터치합니다.

3. 같은 요령으로 여러분이 나누고 싶은 부분을 찾아서 편집기준선을 기준으로 분할하는 작업을 반복하면 됩니다.

한 가지 팁을 알려드리자면, 자막은 단어수가 짧은 것이 좋습니다. 조금 귀찮더라도 사람이 한 번에 읽을 수 있는 글자 수를 고려하여 너무 길지 않게 자막이 화면에 보이도록 하는 것이 좋습니다. 또한 자막글자수가 많아지면 자막이 두 줄로 표시되는 문제가 생깁니다.

1. 내레이션에 맞춰서 자막클립을 나눈 다음, 두 번째 자막클립을 터치하여 선택하고, 자막 아이콘 중에서 **글자 아이콘**을 터치합니다.

2. 내레이션에서 나오는 멘트에 맞추어 글자를 입력합니다. 도서의 예제에서는 자막클립을 크게 3개의 클립으로 나누었습니다. "허벅지 안쪽을 이완시키고, 골반의 안정성을 증진해줌으로써" 까지 입력하였습니다.

3. 세 번째 자막클립도 터치하여 글자를 수정합니다.

글자를 입력하면 **체크버튼**을 눌러 완료하고, 하단의 **완료버튼**을 다시 눌러 자막을 수정하는 과정을 종료해야 다시 다른 작업을 할 수 있습니다. 보통 가장 많이 실수하는 부분입니다. 체크버튼!! 완료버튼!!

1. 마지막 세 번째 자막클립에는 "엑스다리와 골반교정에 효과 있는 동작입니다." 라고 수정합니다.

2. 맨 처음 자막이 내레이션 시작 위치보다 조금 더 앞부분에 있습니다. (맨 처음에 자막을 입력했을 때 편집기준선이 내레이션이 시작되는 위치가 아니라 맨 앞에 두었기 때문입니다.)

3. 첫 번째 자막클립을 3.5초에서 시작하도록 자막클립 앞부분을 제거합니다.

ON 온필라테스

이번에 소개할 동작은 리프티드플러그입니다

00:12.3   +   01:25

00:13   00:09   00:15   00:10

이번에 소개할

동영상 파일로 저장하기

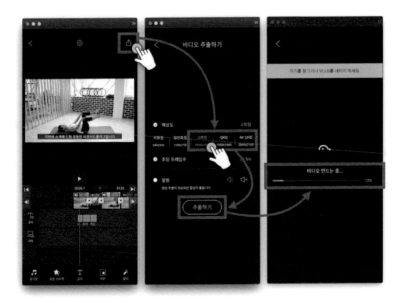

1. 영상편집은 **컷편집 → 배경음악삽입 → 자막삽입** 단계만 거치면 기본적인 편집은 완성됩니다. 지금까지 편집결과를 동영상파일로 저장해야 됩니다. 첫 번째 그림처럼 우측상단의 **내보내기 버튼**을 터치합니다.

2. 비디오 추출하기 화면이 나타납니다. 해상도는 촬영한 영상소스보다 더 크게 해봐야 의미가 없습니다. 고화질로 설정하고, 그 외에는 특별하게 설정할 부분이 없습니다. 화면 하단의 **추출하기 버튼**을 터치합니다.

3. 세 번째 그림과 같이 동영상을 저장하는 과정이 나타납니다. 화면 상단의 경고문처럼 끝나기 전까지 VLLO 어플을 내리거나 다른 어플을 실행하여 작업하면 저장이 제대로 안될 수 있습니다. 끝날 때까지 기다려줍니다.

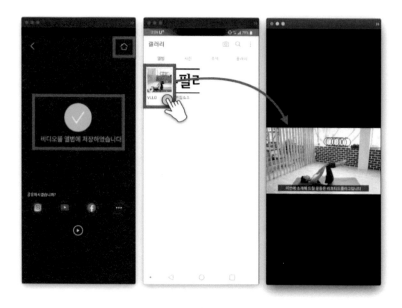

1. 저장시간은 여러분의 스마트폰의 기종과 성능에 따라 다릅니다. 저장이 완료되면 첫 번째 그림과 같이 완료상황을 알려줍니다. 바로 SNS와 유튜브에 올릴 수 있는 기능도 제공합니다. 우측상단의 집 아이콘을 터치하면 어플 첫 화면으로 이동합니다.

2. 스마트폰의 갤러리(사진첩)를 실행시키면 VLLO 폴더가 생성되어 있고, 폴더 안에 방금 저장한 영상편집 결과물 동영상파일이 들어 있습니다. 터치하여 실행합니다.

3. 여러분의 편집의도대로 결과물이 만들어졌는지 최종확인 합니다. 혹시 실수한 부분이 있다면 다시 VLLO 어플에서 저장된 작업물을 열어서 수정하면 됩니다.

1. VLLO 어플을 다시 실행하고, 첫 화면에서 하단의 내 프로젝트 영역을 보면 VLLO를 그동안 사용한 프로젝트들이 보입니다. 터치하면 다시 수정할 수 있습니다. 주의할 점은 편집에 사용한 영상이나 사진 소스를 여러분의 스마트폰에서 삭제했다면 재편집이 불가능합니다.

2. 수정할 프로젝트가 보입니다. 터치합니다.

3. 다시 해당 프로젝트가 열립니다. 수정할 부분이 있다면 수정하거나 추가하거나 작업을 하고, 다시 동영상을 뽑아내는 과정을 반복하면 됩니다.

영상 색감 후반 보정하기 (컬러그레이딩)

대각선으로 모델을 촬영한 영상클립을 보면 다른 영상클립에 비해 유독 화면이 어둡습니다. 모델이 동작시연을 보이는 동안 동시에 서로 다른 각도에서 3개의 촬영기기를 사용했는데, 대각선 촬영을 했던 기기를 액션캠을 사용해서 다소 어둡게 촬영이 된 것 같습니다. 동일한 실내에서 촬영한 영상이 밝기가 다르면 보는 사람이 좀 불편할 수 있으므로, 영상클립들의 밝기를 일정하게 맞추어줄 필요가 있습니다. 이를 색보정 혹은 컬러그레이딩이라고 합니다.

1. 두 번째 영상클립을 터치하여 영상클립 세부설정화면이 나타나면, 하단의 **보정 아이콘**을 터치합니다.

2. **밝기를 30으로 설정**합니다. 화면이 밝아지긴 했으나 어두운 영역과 밝은 영역이 다함께 밝기가 올라가서 전체적으로 뿌옇게 보입니다.

3. **하이라이트를 60으로 설정**합니다. 화면에서 밝은 영역을 조금 더 밝게 만들었습니다.

1. **그림자를 -60으로 설정**합니다. 화면에서 어두운 영역을 더 어둡게 만들었습니다. (실제로는 밝기 30 설정에서 과하게 밝아진 어두운 영역의 밝기를 어둡게 한 것입니다.)

2. **생동감을 70으로 설정**합니다. 밝기를 조절하면 화면이 다소 뿌옇게 변합니다. 생동감을 조정하여 산뜻한 느낌으로 수정합니다. 개인 취향에 가까운 부분이므로 하지 않아도 무방합니다.

3. **채도를 8로 설정**합니다. 채도는 발색을 좋게 만듭니다.

1. **비율을 90%로 설정**합니다. 비율은 방금까지 조절한 각종 수치들이 원본과 비해서 약간 과하다는 느낌이 들 때 수치를 약간 낮추어서 완화하는 개념으로 사용하면 됩니다.

2. 모델의 다리 각도에서 촬영한 영상클립은 여러분이 직접 색보정을 해보세요. 정답은 없지만 측면 촬영 영상클립과 비슷한 느낌으로 맞추면 됩니다.

3. 편집기준선을 맨 앞으로 두고, 하단 아이콘 중 **필터 아이콘**을 터치하고, **보정 트랙**의 좌측 **보정 아이콘**을 클릭합니다. 각각의 영상클립의 개별로 보정과 필터를 적용할 수도 있고, 비디오트랙 전체에 여러 영상클립에 동시에 효과를 적용하고자 한다면, 필터 아이콘을 눌러 보정과 필터 트랙을 사용할 수 있습니다.

1. 첫 번째 그림과 같이 필터 트랙에 보정클립이 나타납니다. 화면 하단의 **보정 아이콘**을 터치합니다.

2. 여러 가지 색감/명도/채도 보정 기능들이 있습니다. 이번에 조절하는 경우에는 하나의 영상클립에만 적용되는 것이 아니고, 영상클립과 보정클립이 서로 같은 시간동안 겹치는 경우에는 모두 효과가 적용됩니다.

3. 여러분이 원하는 대로 적당히 전체적인 보정이 끝났으면 **완료** 글자를 터치하여 보정을 마무리 합니다.

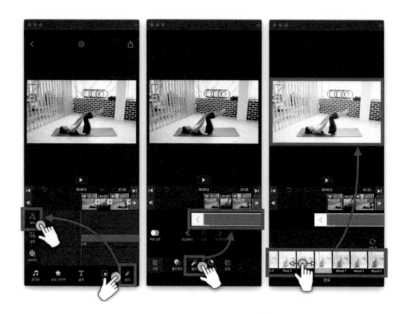

1. 이번에는 필터 효과를 적용시켜보겠습니다. 보정은 안 좋은 상태를 복구하는 느낌이라면, 필터는 새로운 분위기로 만드는 과정이라고 보면 됩니다. 첫 번째 그림을 보고 순서대로 필터를 적용합니다.

2. 필터클립을 터치하고 하단에서 필터 아이콘을 터치합니다.

3. 여러 가지 사전 설정된 다양한 필터들이 존재합니다. 터치해서 좋은 느낌을 찾아보세요.

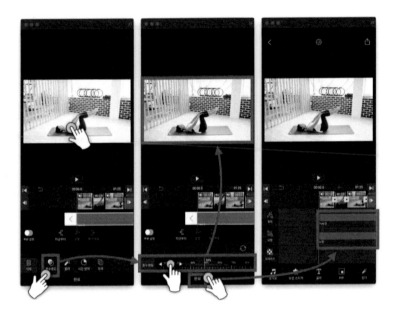

1. 적용한 필터의 강도가 너무 강하다면, 하단 아이콘 중에서 불투명도 아이콘을 터치합니다.

2. 불투명도의 수치를 조정하면 원본과 적당하게 느낌을 섞을 수 있습니다. 쉽게 말해서 필터의 느낌을 강하게 하느냐 약하게 하느냐 설정하는 기능이라고 보면 됩니다. 완료 글자를 터치하여 필터 설정을 마무리 합니다.

3. 보정클립이나 필터클립은 비디오트랙과 겹쳐진 시간동안 해당 효과가 적용됩니다. 컷편집을 하는 것처럼 클립을 자르거나 이동하거나 할 수 있습니다.

내 영상에 로고 넣기

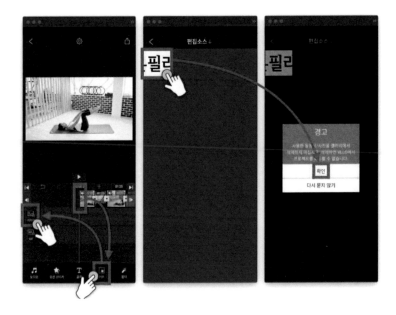

1. VLLO 어플은 비디오트랙을 하나밖에 쓸 수 없다는 단점이 있지만, PIP(picture in picture) 기능으로 영상 위에 이미지 파일을 올려둘 수 있습니다. 보통 로고 이미지파일이나 다른 어플 등에서 만든 예쁜 자막을 올릴 사용합니다. 이번에는 로고이미지를 삽입해보려고 합니다. 편집기준선을 영상의 맨 앞에 두고, 화면 하단의 PIP 아이콘을 터치합니다. 이미지 트랙의 좌측 이미지 아이콘을 터치합니다.

2. 제공해드린 샘플에서 온필라테스 로고 이미지파일을 선택합니다.

3. 소스를 가져오는 과정이므로 경고창이 나타납니다. 확인 글자를 터치합니다.

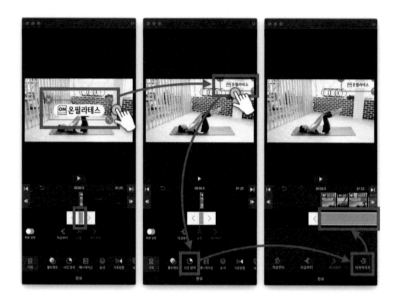

1. 첫 번째 그림과 같이 화면 가운데에 로고 이미지가 나타납니다. 화면상에서는 삭제 / 회전 / 크기조절 / 위치이동 등을 할 수 있습니다.

2. 로고이미지의 크기를 적당히 조절해서 영상의 우측 상단에 배치합니다. 화면 하단의 시간범위 아이콘을 터치합니다.

3. PIP클립의 지속범위를 영상의 끝까지 가도록 **마지막까지 아이콘**을 터치합니다. 영상의 끝까지 연장됩니다. 또는 클립의 **오른쪽 [)]부분**을 터치&드래그 하여 영상의 끝까지 늘려도 됩니다.

자막 예쁘게 꾸미기

1. 화면 하단의 **글자 아이콘**을 터치하고 첫 번째 자막클립을 터치합니다.

2. 자막클립의 세부설정화면이 나타나면, 화면 하단의 **폰트 아이콘**을 터치합니다.

3. 세 번째 그림처럼 화면 하단부의 왼쪽에는 선택 가능한 서체들이 있습니다.

전부 무료서체입니다. 저작권에 무관하게 사용할 수 있습니다. 왼쪽에서 원하는 폰트(서체)를 선택하면 자막폰트가 변경됩니다. 글자 이름을 한번 터치하면 다운로드 하고 별 아이콘을 터치하면 즐겨찾기 추가가 되어 오른쪽 영역에 나타납니다. 이제 원하는 폰트를 골라서 자막을 예쁘게 만들어 보세요. 항상 완료 버튼을 누르는 것을 잊지 마세요.

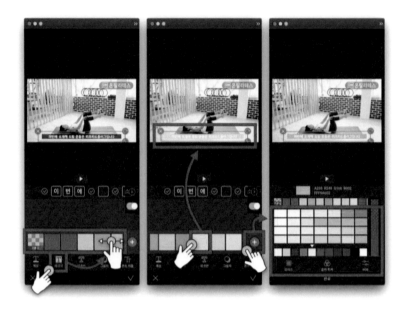

1. 자막클립의 세부설정화면에서 화면 하단의 **스타일 아이콘**을 터치합니다. 스타일의 세부설정화면이 나타나면, 화면 하단의 아이콘을 살펴봅니다. 일단 글 박스의 색을 변경해보겠습니다. **배경색 아이콘**을 터치합니다.

2. 아이콘 영역 상단의 **색 선택 영역**을 좌우로 드래그 하여 원하는 색을 터치하여 선택합니다. 원하는 색이 없으면 오른쪽 끝의 **+ 아이콘**을 터치합니다.

3. 다양한 색을 선택할 수 있는 색상선택 모드가 나타납니다. 하단에서 색조를 먼저 선택하고, 이후에는 명도/채도를 선택하여 원하는 색을 선택합니다. 우측에는 투명도 조절이 가능한 세로 슬라이드가 있습니다. 완료 버튼을 눌러 글상자 색 변경 작업을 마무리 합니다.

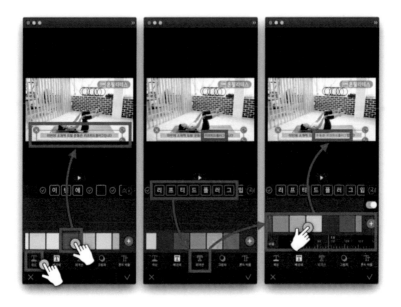

1. 스타일의 세부설정화면에서 화면 하단의 아이콘 중에서 **글자색 아이콘**을 터치합니다. 원하는 색을 선택합니다.

2. 두 번째 그림처럼 화면 가운데 개별 낱글자를 터치하여 하나씩 선택하면, 낱글자별로 글자꾸미기가 가능합니다. "리프티드플러그" 글자를 각각 터치하여 선택하고, 하단의 **외곽선 아이콘**을 터치합니다.

3. 원하는 색을 선택하면 해당 글자만 테두리 색이 적용되는 것을 알수 있습니다. 단, 외곽선을 사용하려면 화면 가운데 오른쪽 부분에 있는 **활성화 슬라이드** 버튼을 눌러서 활성화 시켜야 합니다. 또한 색선택 영역 하단의 외곽선 굵기를 설정하는 부분을 조정해야 합니다.

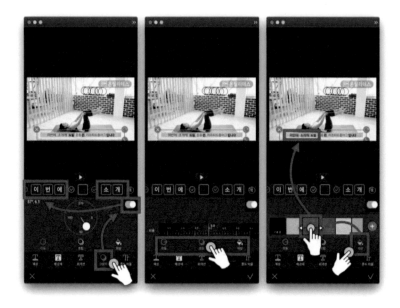

1. "이번에", "소개" 낱글자를 터치하여 선택하고, 화면 하단의 **그림자 아이콘**을 터치합니다. 그리고 **활성화 슬라이드**를 터치합니다.

2. 글자에 생기는 그림자의 각도 / 흐림 / 색상 등을 각각 설정할 수 있습니다. 흐림 아이콘을 눌러 그림자가 번지는 정도를 조절 슬라이드를 드래그해서 확인해보세요.

3. 색상 아이콘을 눌러서 원하는 색상을 선택하고, 그림자의 색상이 변경되는 것을 확인하세요.

역자 주) 글자의 꾸미기 옵션을 왜 이렇게 세밀하게 만들었는지 모르겠습니다. 보통 이렇게 일일이 세팅해서 사용하지 않습니다. 어쨌든 이런 기능도 있다 정도로 아세요.

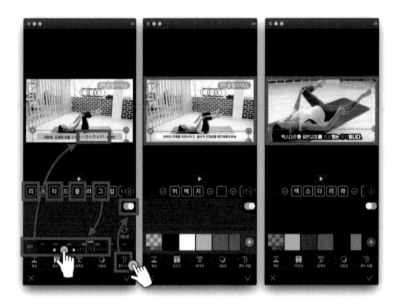

1. "리", "티", "플", "그" 글자를 하나씩 건너뛰며 선택해봅니다. 화면 하단의 **폰트비율 아이콘**을 터치합니다. **활성화 슬라이드**를 터치합니다. 폰트비율 조정 슬라이드를 좌우로 드래그하면 선택된 낱글자들이 크기가 조정되는 것을 확인할 수 있습니다.

2. 두 번째 그림처럼 보통은 글자박스와 글자색의 명도차이를 크게 둬서 명시성이 높게 조절하는 정도로만 사용합니다. 폰트 / 색상 / 크기 정도로만 중요 키워드의 강약조절을 하면 충분합니다.

3. 세 번째 그림처럼 글자박스 이외에도 글자테두리만 사용하는 방법도 많이 사용합니다.

장면전환효과 (트랜지션) 넣어보기

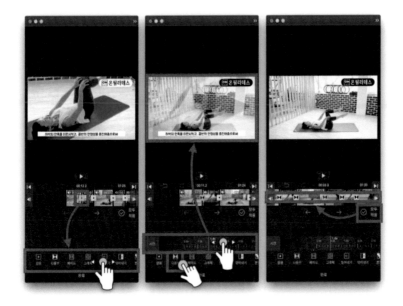

1. 비디오트랙에 배치된 각각의 영상클립들 사이에 회색 사각형에 검은 점이 있는 아이콘이 있습니다. 이 부분을 터치하면 영상클립이 연결된 편집점을 지날 때 앞뒤 두 장면이 자연스럽게 연결되도록 효과를 넣어주는 트랜지션 효과를 지정할 수 있습니다. 터치하면 화면 하단에 다양한 트랜지션 효과 아이콘이 나타납니다.

2. 두 번째 디졸브 아이콘을 터치하고, 트랜지션 시간 조절 슬라이드를 설정합니다. 보통 1초면 충분합니다. 적용시키면 바로 재생되어 어떻게 적용되는지 미리 볼 수 있습니다.

3. 하나의 효과를 모든 편집점 사이에 일괄적용하고 싶다면 세 번째 그림과 같이 모두 적용을 선택하세요.

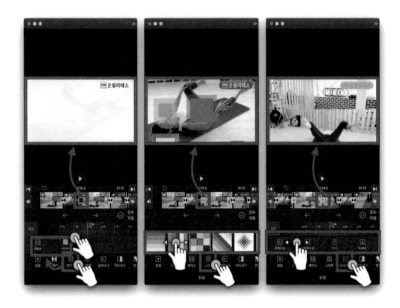

1. 트랜지션 효과 중 페이드를 선택해보면 화면이 검게 변하거나 흰색
으로 변하거나 옵션이 있습니다.

2. 그래픽 트랜지션은 여러 가지 미리 설정된 효과들이 있습니다. 시
간조절은 안됩니다.

3. 밀어내기 트랜지션 등은 방향성이 있습니다. 이런 효과들은 설정에
서 대부분 상하좌우 조절이 됩니다.

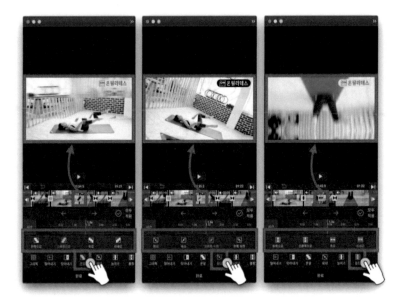

1. 분할 트랜지션은 화면을 3등분하여 잔상이 생기면서 슬라이드 되며 지나갑니다. 감각적인 영상에 적용하면 좋을 듯합니다.

2. 확대 트랜지션은 확대 / 축소 / 회전확대 / 회전축소 옵션이 있습니다.

3. 늘리기 트랜지션은 상하좌우로 영상이 늘어나며 다음 영상클립으로 전환됩니다.

위 3가지 트랜지션 효과는 VLLO 어플의 강력한 기능 중 하나입니다. 심지어 이런 효과들을 영상편집 전문 소프트웨어인 어도비 프리미어 프로에서도 쉽게 구현하기 어려워서 실제 현업에서도 유료 트랜지션을 구매해서 적용하고 있습니다.

모션스티커 넣어보기

모션스티커 기능은 VLLO 어플을 이용하여 영상편집을 할 때 양념과 같은 기능이라고 할 수 있습니다. 크게 애니메이션 스티커와 글자를 넣을 수 있는 라벨, 그리고 영상 전체에 오버랩 효과를 적용하는 템플릿 3 종류로 나뉩니다. 한 번씩 만져보면 어떤 효과인지 바로 알 수 있을 정도로 심플합니다만, 모션스티커 기능은 적재적소에 사용하셔서 영상이 난잡해 보이지 않습니다. 영상편집을 처음 하는 분들은 본인이 직접 디자인을 안 해도 예쁜 효과들이 보이므로 무분별하게 사용하는 기능 중에 하나입니다.

1. 모션스티커도 클립의 개념으로 적용하여 사용합니다. 즉, 삽입될 위치를 편집기준선으로 설정하고 원하는 효과를 삽입합니다. 그리고 영상화면 상에 위치할 곳을 세팅하고 지속시간을 결정합니다. 첫 번째 그림처럼 화면 하단의 아이콘 중에서 **모션스티커 아이콘**을 터치하고, 스티커 트랙에서 좌측의 **스티커 아이콘**을 터치합니다.

2. 스티커를 고를 수 있는 화면이 나타납니다. 화면 하단에는 스티커들의 종류별 카테고리가 있고, 상단에는 스티커들의 썸네일이 있습니다.

3. 상하로 드래그해서 원하는 스티커를 선택합니다. 예제에서는 단색의 글자를 하나 선택했습니다. 화면에 해당 스티커가 나타납니다.

1. 스티커의 크기와 위치를 조절합니다. **체크 버튼**을 눌러 완료합니다.

2. 스티커클립의 **우측 [)] 부분**을 터치하여 원하는 만큼 드래그 합니다. 스티커가 화면에서 지속되는 시간을 조정할 수 있습니다. 하단에 보면 **색상 아이콘**이 보입니다. 터치합니다.

3. 스티커의 색상을 변경할 수 있는 색 선택 모드가 나타납니다. 원하는 색으로 변경합니다.

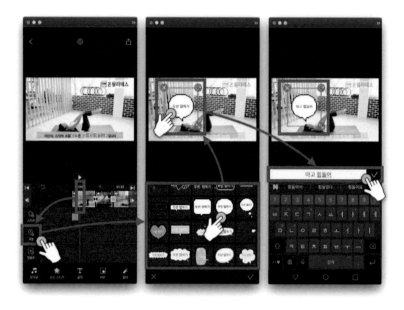

1. 이번에는 라벨 기능을 사용해보겠습니다. 편집기준점을 설정하여 라벨 효과가 들어갈 시점을 설정합니다. **라벨 아이콘**을 터치합니다.

2. 말풍선을 비롯하여 여러 가지 라벨 기능들이 있습니다. 말풍선 중 하나를 터치해보았습니다. 화면에 말풍선이 나타나면 위치와 크기 등을 조절합니다.

3. 말풍선 안의 글자를 더블터치하면 글자를 입력할 수 있습니다. 너무 많은 글자를 입력하면 글자가 깨알같이 작아집니다.

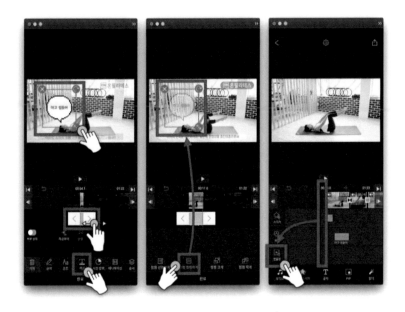

1. 글자의 색상을 변경할 수 있습니다. 또한 라벨클립의 지속시간도 마음대로 줄이거나 늘릴 수 있습니다.

2. **애니메이션 아이콘**을 누르면 라벨이 화면에 나타날 때 점점 뚜렷해지거나, 크기가 커지거나 하는 간단한 등장 애니메이션과 사라짐 애니메이션을 만들 수 있습니다.

3. 템플릿 기능도 앞서 설명한 스티커나 라벨 사용법과 같습니다. 화면에 나타날 시점을 편집기준점으로 설정하고 템플릿 트랙의 **좌측 템플릿 아이콘**을 터치합니다.

1. 템플릿 세부설정화면으로 바뀌면, 하단에서 템플릿 아이콘을 터치합니다.

2. 여러 가지 내장된 템플릿 효과들이 있습니다. 터치해서 적용시키면 실시간으로 바로 영상에 나타납니다. 정말 적재적소에 사용하지 않으면 유치한 효과들도 많습니다.

3. 스티커, 라벨, 템플릿의 적용방법에 대해서 알아보았습니다. 모두 클립의 개념입니다. 컷편집과 위치이동, 동시간대에 여러 개 복수적용 등이 모두 가능합니다.

유튜브와 인스타그램을 위한
스마트폰영상편집 100% 활용법

1탄 동영상편집어플 VLLO 배우기

윤들닷컴 이동윤 지음

유튜브와 인스타그램을 위한 스마트폰영상편집 100% 활용법
1탄 동영상편집어플 VLLO 배우기

지은이   이동윤
발 행   2020년 01월 08일
펴낸이   이동윤
펴낸곳   도서출판 윤들닷컴
출판사등록   2017.06.01.(제2017-000017호)
주 소   부산광역시 해운대구 재반로 125번길 30, 센텀우신골든빌 108동 1904호
전 화   010-9288-6592
이메일   orangeki@naver.com

ISBN   979-11-963638-9-5

www.yoondle.com

멋진 비디오 〉
쉽고 빠르게 영상을 편집해 보세요.

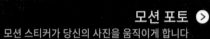

모션 포토 〉
모션 스티커가 당신의 사진을 움직이게 합니다

내 프로젝트
더보기 〉

00:41
00:36

01:21